RELATIONS

DES

PHÉNOMÈNES SOLAIRES

ET DES PERTURBATIONS DU

MAGNÉTISME TERRESTRE

PAR

M. E. MARCHAND

Météorologiste-adjoint à l'Observatoire de Lyon.

Mémoire couronné par l'Académie de Lyon dans la séance du 21 juin 1887

(PRIX HERPIN)

LYON

ASSOCIATION TYPOGRAPHIQUE

Rue de la Barre, 12. — F. PLAN, directeur.

1888

RELATIONS DES PHÉNOMÈNES SOLAIRES

ET DES PERTURBATIONS

DU MAGNÉTISME TERRESTRE

RELATIONS

DES

PHÉNOMÈNES SOLAIRES

ET DES PERTURBATIONS DU

MAGNÉTISME TERRESTRE

PAR

M. E. MARCHAND
Météorologiste-adjoint à l'Observatoire de Lyon.

INTRODUCTION

—

Le magnétisme terrestre est défini, en un lieu déterminé du globe, par trois éléments donnant la direction et l'intensité de la force magnétique en ce lieu. On choisit le plus souvent comme éléments : l'angle D, du plan vertical qui contient la force avec le méridien géographique (déclinaison), l'angle I de la force avec la trace de ce plan sur l'horizon (inclinaison), et la composante horizontale H de la force. Mais on peut prendre tout aussi bien la déclinaison et les deux composantes horizontale H et verticale Z de la force R ; ces dernières quantités étant liées entre elles, à l'inclinaison et à la force totale, par les deux équations connues :

$$R^2 = Z^2 + H^2 \qquad Z = H \, tg \, I$$

Ces divers éléments du magnétisme terrestre subissent des variations de deux espèces :

1° Variations *régulières, périodiques* (diurnes, annuelles, etc.) ne se produisant pas simultanément en tous les points du globe;

2° Variations *irrégulières,* brusques, rapides, constituant les *perturbations* ou *orages magnétiques.*

Les variations diurnes des éléments magnétiques ne sont pas constantes; en ce qui concerne la déclinaison, par exemple, leur amplitude varie lentement et présente des maxima et des minima. Les maxima se reproduisent à peu près tous les onze ans, et il paraît bien établi aujourd'hui, par les travaux de R. Wolf, Broun, Gautier de Genève, du général Sabine, que cette période undécennale se rattache à celle des taches du soleil. La même relation a été constatée pour les variations *diurnes* des deux composantes de l'intensité, par le général Sabine.

M. Broun a montré également que la composante horizontale présente d'autres oscillations régulières ayant une période de 26 jours, qu'il a essayé de rattacher à la rotation apparente du soleil. Toutefois cette dernière étant d'environ 27 jours 1/3, il faudrait alors admettre que les pôles magnétiques du soleil se déplacent sur cet astre.

Quant aux *perturbations* magnétiques, elles ont pour caractère principal de se produire au même instant sur des espaces immenses. Ce fait a été vérifié bien souvent, et récemment par M. Mascart, au moyen des observations de la mission française du Cap Horn. Sur une moins grande étendue, entre Paris, Lyon et Perpignan, les courbes données par des enregistreurs magnétiques du système Mascart, sont presque rigoureusement superposables. Ce fait caractéristique conduit à penser que la cause des perturbations est d'ordre cosmique. Aussi a-t-on remarqué, depuis longtemps, que ces perturbations se produisent souvent aux époques où le soleil est couvert de taches nombreuses. Le P. Secchi, le P. Ferrari, M. Tacchini, et d'autres observateurs ont signalé de ces coïncidences; cependant il ne semble pas qu'il y ait là une loi générale, car il y a souvent de fortes perturbations alors que le soleil ne montre aucune tache.

A Stonyhurst, au nord de l'Écosse, où on observe souvent des aurores boréales, le P. Perry a cherché également à rattacher ces phénomènes aux taches solaires ; il a conclu de ses observations que les aurores se rapportent plus tôt à *certaines classes particulières* de taches qu'à l'ensemble des phénomènes solaires. On sait qu'il existe des relations entre les aurores et les perturbations magnétiques; la conclusion ci-dessus pourrait donc s'appliquer, dans une certaine mesure, aux perturbations.

En résumé, s'il y a une relation entre les phénomènes solaires et les perturbations, elle est beaucoup moins certaine que celle qui paraît exister entre les périodes des variations diurnes et les périodes des taches. C'est pour cette raison que, sous l'inspiration de M. le Directeur de l'Observatoire de Lyon et avec ses conseils, dont il nous permettra de le remercier ici, nous avons entrepris, au commencement d'avril 1885, de comparer soigneusement les perturbations magnétiques et les phénomènes solaires.

Ce sont les résultats de cette comparaison qui font l'objet de ce travail. Nous exposerons successivement les méthodes d'observation des perturbations magnétiques et du soleil, et dans une troisième partie nous ferons la comparaison des deux ordres de phénomènes.

I

Observations du magnétisme terrestre.

Enregistreur magnétique. — A l'Observatoire de Lyon, les éléments du magnétisme terrestre, déclinaison, composantes horizontale et verticale de l'intensité, sont enregistrés d'une manière continue au moyen de l'appareil photographique de M. Mascart.

Pour obtenir, au moyen des courbes données par l'enregistreur, les variations des trois éléments, on mesure d'abord ces variations en prenant une unité arbitraire, par exemple le millimètre. On détermine ensuite ce que vaut un millimètre, pris sur l'épreuve photographique : 1° en degrés ou minutes pour la déclinaison, ce qui permet d'obtenir, en degrés ou minutes, la variation de déclinaison, que nous représenterons par dD ; 2° en fractions de la composante horizontale ou de la composante verticale pour les courbes correspondant respectivement à chacune de ces forces, ce qui revient à dire que l'on prend la valeur *initiale* de la composante considérée pour unité de force. Si donc, on représente par dH et dZ les variations exprimées en *unités arbitraires* de force, par H et Z les valeurs initiales des composantes exprimées au moyen des mêmes unités, cette détermination de la valeur du millimètre donnera les quantités $\dfrac{dH}{H}$ et $\dfrac{dZ}{Z}$.

Ces variations $\frac{d\mathrm{H}}{\mathrm{H}}$, $\frac{d\mathrm{Z}}{\mathrm{Z}}$ devraient toutefois subir une correction, dans le cas où la température de l'enceinte renfermant les barreaux aimantés ne serait pas constante. Le moment magnétique des barreaux variant avec la température, et en sens inverse de celle-ci, il en résulte, pour le bifilaire (composante horizontale) et la balance magnétique (composante verticale), de petits déplacements angulaires des barreaux, ne correspondant pas à une variation d'intensité du *magnétisme terrestre;* pour tenir compte de ces effets, il suffit d'ajouter à la variation *apparente,* mesurée sur la courbe, un terme de la forme $a\,(\mathrm{T} - \mathrm{T_o})$, T étant la température de l'enceinte au moment de l'observation, $\mathrm{T_0}$ la température à laquelle on veut ramener les observations, a un coefficient déterminé par l'expérience.

Variations diurnes et perturbations. — Lorsque les courbes de l'enregistreur magnétique sont *régulières,* c'est-à-dire lorsqu'il n'y a pas de perturbations, elles mettent seulement en évidence *les variations diurnes* de la déclinaison D et des deux composantes Z et H. Si l'on veut avoir la valeur de ces variations, il suffira de prendre sur les courbes la différence entre les ordonnées *minima* et *maxima,* et d'exprimer cette différence en minutes pour la déclinaison, en fraction de H ou de Z pour les composantes H ou Z. On aura ainsi les variations diurnes sous la forme $d\mathrm{D}$, $\frac{d\mathrm{H}}{\mathrm{H}}$, $\frac{d\mathrm{Z}}{\mathrm{Z}}$, et on en pourra déduire les variations de R et de I.

S'il y a perturbation, les courbes deviennent irrégulières, sinueuses, tourmentées; mais les variations diurnes ne se produisent pas moins. Par conséquent, si l'on veut apprécier *l'écart* (entre les valeurs extrêmes de l'élément considéré) *dû à la perturbation,* il faudra, de l'écart mesuré sur l'épreuve photographique, *retrancher la variation diurne* qui se serait produite entre les mêmes heures, s'il n'y avait pas eu perturbation.

Telle a été, en effet, la marche du travail que nous avons fait sur les perturbations : pour chacune d'elles, nous avons mesuré l'écart entre les valeurs extrêmes des éléments enregistrés : déclinaison, composantes horizontale et verticale. Ces écarts ont été exprimés en minutes pour la déclinaison, en millièmes pour les deux composantes, et corrigés des variations diurnes régulières, lesquelles avaient été préalablement déterminées. Nous n'avons pas tenu compte, dans ces mesures, de la correction de température indiquée précédemment, mais il n'en résulte aucune erreur sensible, parce que les appareils enregistreurs, installés dans une cave, n'étaient soumis qu'à des variations de température très lentes et très faibles.

Définition et calcul de l'intensité d'une perturbation.— Nous avons ainsi obtenu, pour chaque perturbation, trois quantités $d\mathrm{D}$, $\dfrac{d\mathrm{H}}{\mathrm{H}}$, $\dfrac{d\mathrm{Z}}{\mathrm{Z}}$, rapportées aux unités ci-dessus indiquées ; par exemple, pour la très forte perturbation du 9 janvier 1886, on avait dans ce système d'unités :

$$d\mathrm{D} = 46' \; , \; \frac{d\mathrm{H}}{\mathrm{H}} = 11.5 \; , \; \frac{d\mathrm{Z}}{\mathrm{Z}} = 2.6 \; ;$$

les deux dernières égalités signifiant conventionnellement que $d\mathrm{H} = 0{,}0115\,\mathrm{H}$ et $d\mathrm{Z} = 0{,}0026\,\mathrm{Z}$.

Ces trois écarts nous ont permis d'obtenir ensuite une évaluation de l'intensité des perturbations.

Imaginons, en effet, trois axes de coordonnées, l'origine étant au lieu d'observation, l'axe OY dirigé suivant le méridien géographique, l'axe OX suivant la ligne Est-Ouest, l'axe OZ

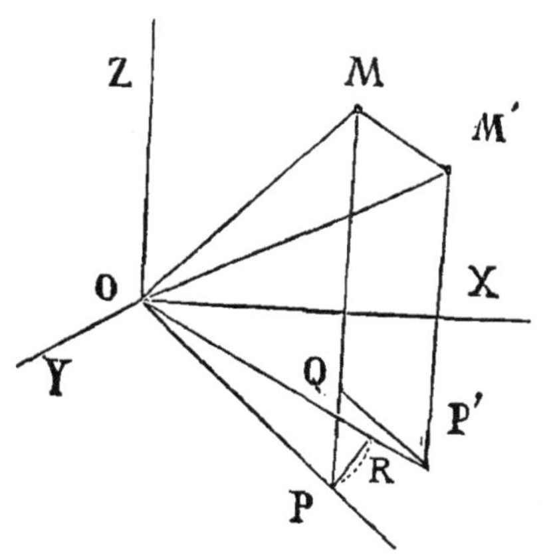

suivant la verticale. Si, à un moment donné , nous avons, comme éléments du magnétisme terrestre , les trois quantités D (déclinaison), I (inclinaison), R (intensité totale) , nous pourrons représenter le champ magnétique au point O par la droite OM, telle que sa longueur étant proportionnelle à R , son angle avec le plan XOY soit égal à I , et l'angle de sa projection sur XOY avec OY soit égal à D . Si les trois quantités D , I , R , varient *simultanément* de dD , dI , dR , on passera de la droite OM à une autre droite très voisine OM' ; la ligne MM' représentera la variation du champ, ou la *force perturbatrice* ayant déterminé les variations dD , dI , dR , car la nouvelle force OM' sera la résultante de OM et MM' . Or, on exprimera facilement MM' en fonction de dD , $\dfrac{d\mathrm{H}}{\mathrm{H}}$ et $\dfrac{d\mathrm{Z}}{\mathrm{Z}}$; en menant les perpendiculaires MP , M'P' à XOY , puis en décrivant l'arc PR du point O comme centre, avec OP pour rayon, et enfin en menant par le point P' la parallèle P'Q à MM' ; MM' sera égale à P'Q , diagonale du parallélipipède construit sur QP $= d$Z , PR $=$ HdD , RP' $= d$H ; on aura donc en représentant MM' par dM :

$$dM^2 = H^2 dD^2 + dH^2 + dZ^2$$

ou $$dM^2 = H^2 \left\{ dD^2 + \left(\frac{dH}{H}\right)^2 + \left(\frac{dZ}{Z}\right)^2 tg^2 I \right\}$$

expression qui permettra de calculer dM , en exprimant

dD en parties du rayon, $\dfrac{d\mathrm{H}}{\mathrm{H}}$, $\dfrac{d\mathrm{Z}}{\mathrm{Z}}$ en fractions décimales, H en unités de force, et donnera, en unités de force, *l'intensité* de la force perturbatrice MM' ayant déterminé les trois variations *simultanées* $\dfrac{d\mathrm{H}}{\mathrm{H}}$, $\dfrac{d\mathrm{Z}}{\mathrm{Z}}$, dD.

Lorsqu'on exprimera dD , $\dfrac{d\mathrm{H}}{\mathrm{H}}$, $\dfrac{d\mathrm{Z}}{\mathrm{Z}}$, en prenant pour unités la minute, le millième de H et le millième de Z , on aura :

$$d\mathrm{M}^2 = \left(\frac{\mathrm{H}}{1000}\right)^2 \left\{(0.291 \cdot d\mathrm{D})^2 + \left(\frac{d\mathrm{H}}{\mathrm{H}}\right)^2 + \left(\frac{d\mathrm{Z}}{\mathrm{Z}}\right)^2 tg^2\mathrm{I} \right\} ;$$

équation que nous écrirons, pour abréger, sous la forme suivante :

$$\mathrm{A}^2 d\mathrm{M}^2 = \mathrm{H}^2 \left\{ c^2 d\mathrm{D}^2 + \left(\frac{d\mathrm{H}}{\mathrm{H}}\right)^2 + \left(\frac{d\mathrm{Z}}{\mathrm{Z}}\right)^2 tg^2\mathrm{I} \right\}$$

Si nous appliquons cette formule aux trois écarts que nous avons précédemment mesurés pour chaque perturbation, bien qu'ils ne soient pas toujours simultanés, nous obtiendrons : *l'intensité de la force qui ferait passer simultanément* les trois éléments magnétiques de la première de leurs valeurs extrêmes à la deuxième; en d'autres termes : l'intensité de la force qui produirait une perturbation fictive, dans laquelle les écarts entre les valeurs extrêmes des trois éléments seraient les mêmes que dans la perturbation réelle (mais non une perturbation identique à la perturbation réelle). *C'est l'intensité de cette force que nous prenons comme intensité de la perturbation ,* sans nous préoccuper d'ailleurs (pour le moment du moins) de sa direction.

Mais au lieu d'appliquer la formule précédente dont le calcul est un peu long, nous l'avons remplacée par une formule approchée et très expéditive, en nous basant sur la remarque suivante : *dans les perturbations un peu fortes, les écarts mesurés sur les courbes sont entre eux dans des rapports qui ne varient pas beaucoup, lorsqu'on passe d'une perturbation à une autre.*

En prenant, par exemple, les perturbations pour lesquelles $d\mathrm{D}$ est supérieur à 14′, et calculant pour chacune d'elles les valeurs des rapports $d\mathrm{D} : \dfrac{d\mathrm{H}}{\mathrm{H}}$, $d\mathrm{D} : \dfrac{d\mathrm{Z}}{\mathrm{Z}}$, on obtient des nombres différents d'une perturbation à une autre; mais dans la plupart d'entre elles, la valeur de $d\mathrm{D} : \dfrac{d\mathrm{H}}{\mathrm{H}}$ est comprise entre 3 et 5, et celle de $d\mathrm{D} : \dfrac{d\mathrm{Z}}{\mathrm{Z}}$ entre 14 et 25 (en supposant toujours que $d\mathrm{D}$, $\dfrac{d\mathrm{Z}}{\mathrm{Z}}$ et $\dfrac{d\mathrm{H}}{\mathrm{H}}$ soient exprimés au moyen des unités adoptées). S'il en est ainsi, on doit obtenir des valeurs moyennes de $d\mathrm{D} : \dfrac{d\mathrm{H}}{\mathrm{H}}$ et $d\mathrm{D} : \dfrac{d\mathrm{Z}}{\mathrm{Z}}$ très peu différentes les unes des autres, en calculant ces moyennes sur des groupes quelconques de perturbations, prises parmi celles dont nous venons de parler. C'est en effet ce qui a lieu; en formant par exemple des groupes de dix perturbations, on trouve des valeurs moyennes de $d\mathrm{D} : \dfrac{d\mathrm{H}}{\mathrm{H}}$ comprises entre 3.5 et 4.3, et des valeurs moyennes de $d\mathrm{D} : \dfrac{d\mathrm{Z}}{\mathrm{Z}}$ comprises entre 16 et 21.

D'après cela, nous avons pu admettre qu'on a, *en moyenne*, dans une perturbation :

$$\frac{d\mathrm{H}}{\mathrm{H}} = a.\,d\mathrm{D} \qquad\qquad \frac{d\mathrm{Z}}{\mathrm{Z}} = b.\,d\mathrm{D}$$

a et b ayant *sensiblement* pour valeurs respectives $\dfrac{1}{4}$ et $\dfrac{1}{20}$;

si ces quantités a et b étaient rigoureusement constantes, les trois équations

$$\frac{1}{dD} \cdot \frac{dH}{H} = a \qquad\qquad \frac{1}{dD} \cdot \frac{dZ}{Z} = b$$

$$A^2 dM^2 = H^2 \left\{ c^2 dD^2 + \left(\frac{dH}{H}\right)^2 + \left(\frac{dZ}{Z}\right)^2 tg^2 I \right\}$$

conduiraient aux trois suivantes :

$$A\frac{dM}{H} = dD \sqrt{c^2 + a^2 + b^2 tg^2 I}$$

$$A\frac{dM}{H} = \frac{dH}{H} \frac{1}{a} \sqrt{c^2 + a^2 + b^2 tg^2 I}$$

$$A\frac{dM}{H} = \frac{dZ}{Z} \frac{1}{b} \sqrt{c^2 + a^2 + b^2 tg^2 I} \, ,$$

et l'une quelconque de ces trois équations donnerait la force dM , laquelle serait d'ailleurs proportionnelle à l'un quelconque des trois écarts mesurés.

En réalité, a et b varient d'une perturbation à une autre, mais assez peu pour qu'en prenant leurs valeurs moyennes, les trois formules ci-dessus, appliquées à une perturbation quelconque, donnent trois valeurs de $A\frac{dM}{H}$ *peu différentes* les unes des autres. En prenant la moyenne de ces trois valeurs, nous aurons :

$$A\frac{dM}{H} = \frac{1}{3} \sqrt{c^2 + a^2 + b^2 tg^2 I} \left\{ dD + \frac{1}{a}\frac{dH}{H} + \frac{1}{b}\frac{dZ}{Z} \right\} ;$$

d'où :

$$\frac{3aA . dM}{H\sqrt{c^2 + a^2 + b^2 tg^2 I}} = a . dD + \frac{dH}{H} + \frac{a}{b}\frac{dZ}{Z} .$$

Si a et b étaient des constantes, le second membre représenterait une quantité *proportionnelle* à dM ; puisque les variations de H et I n'introduisent dans le premier membre

que des variations du second ordre au moins. En donnant
à *a* et *b* leurs valeurs *moyennes, ce second membre sera sensiblement proportionnel à* dM ; ainsi en faisant $a = \frac{1}{4}$, $b = \frac{1}{20}$,
ce qui conduit à l'expression simple

$$\frac{1}{4} d\mathrm{D} + \frac{d\mathrm{H}}{\mathrm{H}} + 5 \frac{d\mathrm{Z}}{\mathrm{Z}},$$

nous obtiendrons une première approximation de l'intensité
de la perturbation, telle que nous l'avons définie. Par exemple, pour la perturbation du 9 janvier 1886, nous aurons :

$$11,5 + 11,5 + 13,0 = 36,0,$$

et l'intensité ainsi calculée se rapportera à une unité arbitraire dont la valeur est 0,00053. H.

Relevé des perturbations. — Nous avons relevé, et calculé
au moyen de cette formule, *toutes les* perturbations enregis-
trées depuis la fin d'avril 1885.

De plus, lorsqu'une perturbation s'est prolongée pendant
plusieurs jours (ce qui a été assez fréquent), nous l'avons
presque toujours décomposée en plusieurs autres en nous
basant sur une remarque qu'il est bon de signaler.

Dans une perturbation un peu prolongée, l'agitation des
barreaux n'est pas en général un phénomène continu ; on
trouve par intervalles de *petits repos*, de *courtes périodes*
pendant lesquelles les barreaux reviennent au calme ou du
moins à un calme relatif. La perturbation se décompose donc,
assez naturellement, en plusieurs autres dont les intensités
sont d'abord croissantes, puis décroissantes. Dans ce cas,
nous avons relevé et calculé séparément chacune des perturbations composantes.

Les dates des pertubations nous étaient d'ailleurs nécessaires pour la comparaison avec les phénomènes solaires.

Nous les avons obtenues en prenant simplement, pour chaque pertubation, l'époque qui marque le milieu de sa durée ; cette époque a été calculée seulement à un dixième près du jour moyen ; la faible incertitude qu'il y a toujours sur le début, la fin, et par suite le milieu d'une perturbation, rendant inutile un calcul plus approché.

Les résultats de nos calculs sont reproduits dans les tableaux qui terminent ce travail : la première colonne donne les dates des perturbations, et la deuxième, leurs intensités. On voit, dans ces tableaux, que les intensités présentent une série de maxima séparés par des périodes de calme magnétique ou par des pertubations de faible intensité ; pour plus de clarté les maxima sont distingués par des chiffres pleins.

Nous avons d'ailleurs représenté graphiquement les mêmes résultats, en construisant une courbe dont les ordonnées, porportionnelles aux intensités des pertubations , ont été élevées, sur l'axe des temps, en des points correspondant aux époques des perturbations.

En joignant les sommets de toutes ces ordonnées, nous avons obtenu une ligne brisée représentant les variations de l'intensité d'une force qui produirait des perturbations, non pas *identiques* à celles réellement observées, mais ayant les mêmes écarts des valeurs extrêmes que celles-ci, pour les divers éléments magnétiques.

Des portions de cette courbe sont reproduites dans les diagrammes de la planche ci-jointe, à l'échelle de 1^{mm} pour un jour, et 1^{mm} pour une unité d'intensité.

II

Observations du Soleil.

Méthode d'observation. — Les observations du soleil ont
été faites, chaque jour, lorsque le temps l'a permis, à l'aide de
l'équatorial de 16 centimètres d'ouverture de l'Observatoire
(Equatorial Brünner). L'image du soleil a été projetée sur un
écran blanc, au moyen d'un oculaire de champ assez étendu
pour donner l'image tout entière; en général, on a placé
l'écran à une distance telle que le disque projeté ait un
diamètre de 20 centimètres. Cette dimension permet de voir
assez bien les détails principaux de la surface solaire, taches,
facules et granulations, surtout si l'on imprime à l'écran un
mouvement d'oscillation dans le plan de l'image, c'est-à-dire
dans son propre plan, de manière à faire disparaître, en
quelque sorte, les inégalités de sa surface. Si d'un autre côté
on diminue autant que possible la lumière diffuse reçue par
l'écran en dehors de l'image, par l'emploi d'un voile noir fixé
à la lunette, par exemple, on arrive à voir distinctement les
facules jusqu'au centre même du disque.

Des dessins, aussi exacts que possible, de toute la surface
solaire d'abord, puis des groupes de taches et facules remar-
quables, ont été faits chaque jour d'après l'image projetée.
Les positions des taches et des facules à la surface du disque
ont été déterminées pour chaque observation : comme première approximation, et en vue de construire le dessin
d'ensemble de la surface de l'astre, on relevait d'abord ces

positions au moyen d'nn *rapporteur* spécial repéré sur l'image du micromètre de la lunette (c'est-à-dire sur la direc·tion du mouvement diurne) et donnant *à vue* l'angle de position de l'objet observé à 1° près, et sa distance au centre du disque à 1 centième près du rayon. On déterminait ensuite des positions plus exactes des taches, et même des facules lorsque cela se pouvait, par la méthode de Carrington.

Enfin l'observation a presque toujours été complétée par la mesure des surfaces apparentes des taches et des facules ; pour effectuer cette mesure on projetait l'image sur un écran divisé en millimètres carrés et placé à une distance telle que le disque du soleil eût exactement 20 centimètres de diamètre.

Les positions des taches et facules à la surface du disque étant connues, on calculait ensuite leurs coordonnées héliocentriques, longitudes et latitudes, rapportées à l'équateur du soleil. Ces déterminations ont été faites suivant la méthode et au moyen des tables de Spörer, et par conséquent au moyen des éléments suivants, déterminés par cet astronome (et ramenés au 1ᵉʳ janvier 1885) :

Longitude du nœud ascendant.	74°.54′
Inclinaison de l'équateur solaire sur l'écliptique	6°.58′
Durée de la rotation en jours moyens	25,234

Lorsque l'observation n'avait pu être faite par la méthode de Carrington, ou lorsqu'il s'agissait de groupes de facules un peu étendus, difficilement observables par cette méthode, on a substitué au calcul une méthode graphique plus rapide.

Cette méthode consiste à rapporter les points observés sur des cartes où l'on a figuré, dans un cercle de 10 centimètres de diamètre, l'équateur du soleil, ses parallèles et ses méridiens, tels qu'ils sont vus de la terre (c'est-à-dire en projection orthographique) à une époque déterminée de l'année. On a donc construit une série de cartes correspondant à une série d'époques équidistantes, ou plutôt à une série de valeurs équidistantes de la longitude du soleil; et comme chaque carte peut servir pour quatre longitudes différentes (deux fois avec ses parallèles tournant leur convexité vers le haut, et deux fois avec cette convexité tournée vers le bas, ainsi qu'on le verra facilement), le nombre des cartes à construire était en réalité très limité *(dix,* en prenant des valeurs de la longitude du soleil espacées de 10°, ce qui est très suffisant). Sur chaque carte les parallèles et les méridiens ont été tracés de 5° et 5°; ces derniers, en prenant pour origine, dans chacune, le méridien passant par le centre du disque.

On a calculé d'autre part une table donnant, en fonction de la longitude du soleil, l'angle du grand axe de l'ellipse équatoriale des cartes, avec la direction du mouvement diurne. Rien n'était plus facile dès lors que de rapporter, sur la carte convenable, un point dont l'angle de position et la distance au centre du disque étaient connus. On obtenait ainsi immédiatement, à un demi-degré près, ses coordonnées héliocentriques : latitude, et longitude comptée à partir du méridien passant par le centre du disque; de cette dernière on passait facilement à la longitude comptée à partir d'un méridien quelconque du soleil, pris arbitrairement pour origine, au moyen de la valeur connue de la rotation moyenne.

Résultats des observations. — Parmi les résultats de ces observations, il en est quelques-uns qui, sans présenter rien de nouveau, sont importants au point de vue de notre étude, et sur lesquels nous devons insister.

Les taches sont toujours entourées de facules, qui d'ailleurs tendent plutôt à les suivre qu'à les précéder; les facules, au contraire, surtout dans les époques de minima de taches, se *voient souvent seules.* Dans certains groupes de facules, dont

la durée est un peu prolongée, on voit par intervalles se former des taches ; ces taches durent plus ou moins longtemps,
et parfois disparaissent pour reparaître ensuite dans une position voisine ; les facules elles-mêmes changent d'aspect, mais
persistent pendant les disparitions des taches : cette persis-
tance de certains groupes de facules est un premier fait à
remarquer.

Les groupes de facules renferment souvent des *pores,* c'est-
à-dire des taches très petites, sans pénombre ; parfois l'appa-
rition de ces pores précède la formation d'une tache ; d'autres
fois, ils coexistent avec des taches, surtout dans les premiers
jours qui suivent la formation de celles-ci ; parfois encore ils
persistent avec les facules sans qu'il se produise de tache pro-
prement dite.

Enfin, on constate qu'il y a, dans les groupes de facules,
des lignes ou des points *très brillants,* et d'autres un peu plus
clairs seulement que la partie voisine de la surface solaire, ce
que le P. Secchi a signalé depuis longtemps. Le plus souvent,
les groupes dépourvus de taches sont constitués par quelques
lignes ou points très brillants, entourés, jusqu'à une distance
considérable, d'un réseau de ces lignes moins lumineuses.

En résumé, les facules paraissent être le phénomène en
quelque sorte fondamental, puisque c'est celui qui existe toujours, tandis que les taches peuvent apparaître, disparaître,
se reformer au milieu des facules. Les taches et les pores ne
diffèrent d'ailleurs que par leurs dimensions ; les taches sem-
blent n'être qu'une exagération accidentelle des pores.

Or, si l'on suit attentivement ces groupes de facules (renfermant ou non des taches), on trouve que quelques-uns ont
une durée très prolongée, pouvant atteindre plusieurs mois ;
on peut alors observer plusieurs fois leurs *retours* sur le
disque du soleil. C'est ainsi que quelques-uns de ces groupes
ont été revus cinq, six, sept, huit fois et même onze fois.

On ne trouve pas des durées aussi prolongées, ni des retours aussi nombreux, lorsqu'on s'attache à suivre, non plus un groupe de facules, avec ou sans taches, mais une tache déterminée.

Régions d'activité du soleil. — Aussi, nous appellerons *régions d'activité du soleil* les parties de la surface de l'astre où existent, à un moment donné, soit des facules seules, soit des facules avec pores ou taches, et nous résumerons comme il suit ce que nous venons d'exposer :

Il se produit à la surface du soleil des régions d'activité plus ou moins étendues, occupées par des facules, des pores, des taches qui s'y forment, changent d'aspect et d'étendue, ou même disparaissent pour se reformer parfois dans une position voisine, tandis que les facules subsistent sans interruption, mais non sans changements de forme et d'étendue. Ces régions d'activité ont une durée très variable, pouvant aller de quelques jours à plusieurs mois ; leur superficie peut varier aussi dans des limites très écartées, car on en observe qui n'occupent pas plus de $\frac{1}{1000}$ de la surface totale de l'astre, tandis que d'autres atteignent $\frac{1}{100}$ et, plus rarement, $\frac{1}{50}$ de cette même surface. Il doit être bien compris toutefois que la surface dont nous parlons est celle occupée par l'*ensemble* des facules, taches, pores, et non celle des lignes brillantes, des taches, des pores.

Ajoutons que ces régions d'activité se montrent à peu près dans toutes les parties du globe solaire, même près des pôles, mais qu'elles sont bien plus fréquentes dans les zônes où les taches s'observent elles-mêmes le plus souvent, c'est-à-dire, comme on le sait, entre les cercles de latitude de 5° et 30° (boréale ou australe).

Elles ont une tendance marquée à se produire en des points du soleil à peu près diamétralement opposés ; les exemples de ce fait sont nombreux, et plus nombreux encore les cas où deux régions, sans être aux extrémités d'un diamètre du soleil, se trouvent à des longitudes à peu près différentes de 180°. Il semble impossible que ces coïncidences fréquentes soient purement fortuites.

Définition et calcul du passage d'une région d'activité. — La rotation du soleil en 25 jours et 1/4, autour d'un axe très peu incliné sur l'écliptique, combinée avec la translation de la terre, a pour effet de déplacer ces régions à la surface du disque apparent vu de la terre suivant des ellipses très aplaties, ou du moins suivant des courbes différant peu d'une ellipse. Dans ce mouvement apparent, elles effectuent une révolution en 27 jours et 1/3 environ ; on les voit apparaître sur le bord du disque solaire, s'approcher pendant environ 7 jours du centre de ce disque, passer dans une position où elles sont à la plus petite distance possible du centre, puis s'en éloigner pendant 7 jours pour disparaître ensuite au deuxième bord du disque.

Il est important, comme on le verra dans la suite de cette étude, de déterminer la position dont nous venons de parler, dans laquelle le centre de la région d'activité qu'on observe est à la distance minima du centre du disque.

Nous appelons simplement *passage de la région* considérée, l'époque à laquelle la rotation apparente du soleil amène son point central dans cette position, et, pour déterminer cette époque de passage, nous avons calculé le moment où la longitude héliocentrique de ce point, rapportée à l'équateur solaire et comptée à partir du nœud ascendant, est égale à la longitude de la terre par rapport aux mêmes plans de coordonnées.

A ce moment, en effet, le plan contenant l'axe de rotation et le point observé, contient aussi le centre de la terre; ce plan coupe le soleil suivant le méridien du point observé, et ce méridien se projette, sur le disque *apparent,* suivant une ligne droite, par rapport à laquelle la trajectoire est *sensible-ment* symétrique (surtout dans les parties voisines de cette droite). La position de la tache est donc très sensiblement celle où sa distance au centre du disque est minima.

Pour faciliter le calcul, on a construit des tables donnant, en fonction de la longitude géocentrique du soleil (rapportée à l'écliptique), la longitude héliocentrique de la terre rapportée à l'équateur du soleil, et sa variation en un jour moyen. Admettant alors que le mouvement de la terre en longitude est sensiblement uniforme pendant une durée de quelques jours, connaissant, d'autre part, la vitesse angulaire de la région observée, et sa longitude héliocentrique au moment d'une observation peu éloignée du passage, on a tous les éléments nécessaires au calcul indiqué.

Quant à la vitesse angulaire d'un point du soleil, elle dé-pend, comme on sait, de sa latitude héliocentrique. Les nom-bres donnés précédemment pour la durée de rotation, ou la vitesse angulaire en un jour moyen, sont des valeurs moyen-nes. Mais dans le calcul *des passages* des points observés, nous avons attribué à chacun la vitesse angulaire qui lui convient d'après sa latitude. Nous nous sommes servi pour cela d'une table construite d'après les observations de Car-rington et Spörer.

Cette inégale vitesse angulaire sur les divers parallèles con-tribue probablement aux changements rapides qui se produi-sent soit dans les facules, soit dans les taches. Les facules doivent être plus ou moins entraînées en avant ou retenues en arrière de leur partie centrale; cependant, *l'ensemble* d'une région d'activité paraît se déplacer avec la même vitesse angulaire que son centre. Peut-être faut-il en conclure que les facules entraînées en avant ou en arrière s'évanouissent, et qu'il s'en reforme d'autres autour de la partie centrale; quoiqu'il en soit, nous avons calculé les passages des régions d'après la vitesse angulaire s'appliquant au point, plus ou moins central, que nous avons choisi, dans chaque cas, d'après son éclat ou son aspect, comme le plus important. Dans les cas où il y avait des taches ou des pores, c'est naturellement sur ces taches ou pores que nous avons fait le calcul.

Il était du reste suffisant, pour nos recherches, d'obtenir les époques cherchées à un dixième de jour près, comme celles des perturbations maxima.

Ce sont, en effet, ces deux séries d'époques que nous allons comparer; pour faciliter cette comparaison , nous avons inscrit les dates des passages des régions d'activité dans la troisième colonne des tableaux donnés à la fin de notre travail, et nous avons indiqué, dans la quatrième colonne, l'aspect général de ces régions (au moment du passage) par une des lettres t, p, f, selon que la région correspondante renferme des taches (t), ou des pores (p) ou seulement des facules (f). Une cinquième colonne donne la surface apparente *totale* des noyaux des taches existant sur le disque entier du soleil, aux dates indiquées dans la première colonne; ces surfaces sont exprimées en millionièmes de l'aire apparente du disque.

III

Comparaison des observations magnétiques et solaires.

Concordance des perturbations maxima et des passages des régions d'activité du soleil. — En mettant en regard, comme nous l'avons fait dans nos tableaux, les époques des maxima d'intensité des perturbations et celles des passages des régions d'activité du soleil à la distance minima au centre du disque, on reconnaît qu'il y a entre ces dates une concordance remarquable.

Pour rendre la comparaison aussi frappante que possible, il faut figurer les passages au-dessus de la courbe magnétique dont nous avons précédemment indiqué la construction. C'est ce que nous avons fait dans les deux diagrammes de la planche ci-jointe, qui donnent des parties assez étendues de cette courbe et permettent de vérifier d'un coup d'œil, sur une durée de plusieurs mois, la relation que nous indiquons.

Dans ces diagrammes, nous avons représenté par des cercles ombrés les passages des groupes de taches, par des cercles avec un point au centre, les passages des groupes de pores, et enfin par des cercles blancs les passages des facules sans taches ni pores; l'ordonnée passant par le centre d'un de ces cercles, coupe l'axe des temps au point correspondant à l'époque du passage.

Le diagramme supérieur se rapporte à une époque où les taches étaient assez nombreuses ; le deuxième à une période pendant laquelle le disque solaire a été observé plusieurs fois sans taches ni pores, et où un assez grand nombre de perturbations maxima se rattachent à des passages de facules.

C'est surtout à ces diagrammes que nous nous reporterons dans ce qui suit ; mais les faits que nous énoncerons pourront être vérifiés tout aussi bien dans toute l'étendue des tableaux donnés plus loin et dont nos figures ne représentent qu'une partie.

On voit d'abord que, d'une manière générale, chacun des signes figurant les passages surmonte un des sommets de la courbe ; il y a parfois un faible écart entre les deux époques et, dans ce cas, c'est le plus souvent la perturbation maxima qui paraît être un peu en retard sur le passage. Toutefois, on ne doit attacher qu'une faible importance à ces écarts et au sens dans lequel ils se produisent le plus souvent, parce qu'il y a un peu d'incertitude sur le point d'une région d'activité qu'on doit choisir pour le calcul du passage, ainsi que sur le début, la fin, et, par suite, le milieu d'une perturbation. Il faut remarquer surtout le *fait général d'une concordance très approchée,* lequel est d'ailleurs plus ou moins net, suivant les circonstances dans lesquelles il se produit, c'est-à-dire suivant qu'on a des régions d'activité bien séparées les unes des autres, ou au contraire très rapprochées, ou bien encore très étendues.

Du 25 décembre 1885 au 13 février 1886, par exemple (premier diagramme), on se trouve dans le premier cas : les passages sont espacés d'au moins trois jours, et la coïncidence est parfaitement nette ; il en est encore ainsi du 28 février au 9 avril (même diagramme), tandis que du 16 au 25 février, on voit une série de passages très rapprochés et une perturbation continue, avec quelques maxima peu saillants.

Le deuxième diagramme renferme plusieurs exemples de ces perturbations prolongées, coïncidant avec des séries de passages (7 au 18 septembre 1886, 7 au 14 octobre 1886), ou bien avec des passages de facules étendues (10 juillet, 10 au 16 août 1886). On peut d'ailleurs remarquer, aussi bien dans le premier diagramme que dans le deuxième, que les perturbations correspondantes aux passages de facules sont plus prolongées, en général, que les autres.

On conçoit aisément que lorsque les passages sont très rapprochés, leurs effets ne peuvent pas se séparer nettement les uns des autres; on doit donc avoir une perturbation prolongée.

De même, si l'on a une région d'activité très étendue, dont les diverses parties arrivent à la distance minima du centre du disque pendant une durée d'une journée ou plus, il est naturel que l'effet soit prolongé comme dans le cas précédent. Cela se produira surtout avec les groupes de facules très vastes qu'on observe parfois.

Si donc on admet que chaque passage tend à produire une perturbation maxima, il est clair que la coïncidence ne sera *tout à fait nette* que lorsque les passages seront suffisamment distants les uns des autres ; dans les autres cas, qui se présenteront fréquemment, elle n'apparaîtra pas aussi bien, et le fait caractéristique sera l'absence de passage pendant les périodes de calme magnétique un peu prolongé.

Or, ce dernier caractère est très visible, soit dans nos tableaux, soit dans nos diagrammes. (Voir 14 et 27 février, 6 et 25 juillet, 22 août, 6 et 28 septembre, etc.)

Il est extrêmement rare qu'un passage ait lieu à une époque de calme, ou qu'une perturbation se produise sans qu'il y ait en même temps un passage ; ces cas exceptionnels ne sont rencontrés que trois ou quatre fois, pendant les deux années que nous avons étudiées.

Mais bien souvent au contraire, depuis que nous avons

reconnu ces coïncidences, il nous a été possible de *prédire* les perturbations d'après les observations faites sur le soleil; d'autre fois, la constatation d'une perturbation nous a fait prévoir la formation d'une région d'activité sur le globe solaire, région que les observations antérieures n'avaient pas montrée et que l'on a pu observer les jours suivants.

Loi générale. — Nous pouvons donc énoncer la loi générale suivante, qui se confirmera d'ailleurs de plus en plus dans la suite de cette étude :

Chaque passage d'une région d'activité du soleil à sa plus courte distance au centre du disque apparent, correspond au maximum d'intensité d'une perturbation magnétique, et réciproquement.

Il importe de remarquer une dernière fois que nous parlons des régions d'activité du soleil, telles que nous les avons définies, *et non pas seulement des taches.* Lorsque les perturbations sont dues à des taches, il ne paraît y avoir *aucune relation* entre la grandeur de celles-ci et l'intensité des perturbations; bien plus, on constate souvent des perturbations très intenses, sans qu'il y ait aucune tache dans les régions solaires effectuant à ce moment leur passage.

Cas des régions d'activité très persistantes. — Examinons maintenant le cas intéressant où une région d'activité du soleil persiste plusieurs mois et effectue une série de rotations.

Elle passe alors plusieurs fois au voisinage du centre du disque, *et chacun de ces passages, séparés par 27 jours environ, correspond à une perturbation maxima.*

De nombreux exemples de ce phénomène se sont présentés dans nos observations; nous en étudierons ici quelques-uns.

Nous prendrons d'abord une région d'activité qui a persisté de décembre 1885 à la fin de mai 1886, et a effectué sept passages consécutifs, dont voici le tableau, avec les intensités des perturbations correspondantes :

I	12.7 Décembre 1885.........	? (Interruption de l'enregist.).				
	8.8 Janvier 1886......... ...	36.0	le	9.6 Janvier 1886.		
	5.1 Février — ....:.	8.5		5.8 Février —		
	3.0 Mars —	7.0		3.4 Mars —		
	29.6 — —	41.0·	30.4 — —			
	25.4 Avril —	6.0		25.5 Avril —		
	22.1 Mai —	6.0		21.6 Mai —		

Ainsi cette région a donné six perturbations, et probablement sept, dont deux *très fortes* (voir sur notre premier diagramme les schémas de ces deux perturbations) ; à toutes ses apparitions, sauf la première et la dernière, elle renfermait des taches ; mais au 9 janvier, un groupe de taches assez étendues venait de s'y former ; et de même, au 30 mars, un second groupe de taches venait d'y apparaître, un peu en arrière du premier. Ces circonstances, en dénotant une activité particulière dans cette région, aux deux époques citées, permettent peut-être d'expliquer l'action exceptionnelle qu'elle a eu alors sur le magnétisme terrestre.

Une autre région d'activité est plus remarquable encore, non pas par l'intensité des perturbations qui lui correspondent, mais par le grand nombre des rotations qu'elle a effectuées. Les époques de ses passages et ∣les intensités des pertubations correspondantes sont les suivantes :

II	18.5 Décembre 1885	2.0	le 18.1 Décembre 1885.	
	14.3 Janvier 1886	3.5	15.8 Janvier 1886.	
	10.3 Février —	10.0	11.1 Février —	
	9.6 Mars —	3.2	10.2 Mars —	
	4.3 Avril —	2.5	5.5 Avril —	
	30.9 — —	7.0	1.3 Mai —	
	27.5 Mai —	9.5	27.7 · — —	
	23.7 Juin —	18.0	22.7 Juin —	
	20.7 Juillet —	11.0	19.8 Juillet —	
	16.8 Août —	8.5	17.0 Août —	
	13.4 Septemb. —	10.0	13.8 Sept. —	

A part les perturbations du 22.7 juin et du 13.8 septembre, cette région ne produit que des effets de peu d'intensité; en voici une troisième dont trois passages sur six ont une action énergique, et dont un passage seulement correspond à une perturbation très faible :

III	11.4 Avril 1886	....	....	8.3	le	12.0 Avril	1886.
	8.1 Mai	—	....	18.0		9.0 Mai	—
	3.7 Juin	—	....	1.5		4.1 Juin	—
	30.6 Juin	—	....	23.0		30.1 Juin	—
	28.2 Juillet	—	....	21.8		28.2 Juillet	—
	23.9 Août	—	....	9.2		24.1 Août	—

Enfin, nous signalerons encore une quatrième région d'activité remarquable par les changements d'aspect qu'elle a présentés; les pores ou les taches qui s'y sont formés à plusieurs reprises n'ayant eu qu'une courte durée :

IV	1.7 Janvier 1886	....		6.5	le	2.0 Janvier	1886.
	29.0 Janvier	—	....	8.0		29.4 Janvier	—
	25.2 Février	—	....	1.8		25.0 Février	—
	23.3 Mars	—	....	9.5		23.4 Mars	—
	20.6 Avril	—	....	6.5		20.9 Avril	—
	17.8 Mai	—	....	8.5		17.6 Mai	—
	12.9 Juin	—	....	10.0		13.0 Juin	—
	10.4 Juillet	—	....	3.7		10.9 Juillet	—

Périodicité de certaines perturbations. — Sans pousser plus loin ces exemples, nous remarquerons maintenant que, de décembre 1885 à septembre 1886 seulement, c'est-à-dire en neuf mois, nous avons rencontré 32 perturbations dans lesquelles il y a une sorte de périodicité évidente, puisque, dans chacun des quatre groupes qu'elles forment, elles sont séparées les unes des autres par un intervalle d'environ 27 jours.

Cette périodicité pourrait se reconnaître *à priori*, indépendamment des considérations qui nous ont amené à la remarquer; en prenant d'abord les perturbations qui apparaissent comme *fortes ou très fortes à la simple inspection des courbes de l'enregistreur,* et sans faire aucun calcul d'intensité, on aurait celles des :

9.6 Janvier et 30.4 Mars	1886 séparées par 79.8 jours.
22.7 Juin et 13.8 Septembre	1886 séparées par 83.1 jours.
30.1 Juin et 28.2 Juillet	1886 séparées par 28.1 jours.
30.6 Janvier et 23.4 Mars	1886 séparées par 54.0 jours.

On reconnaîtrait que ces nombres de jours sont sensiblement des multiples de 27.3, et cette remarque conduirait ensuite à retrouver toutes les autres pertubations, moins fortes, séparées les unes des autres par 27 jours et groupées en séries comme dans les tableaux précédents.

En examinant d'ailleurs, avec attention, les tableaux donnés plus loin, ou les diagrammes de la planche, on pourra reconnaître quelques couples de perturbations fortes (séparées par 27 jours ou par un multiple de 27 jours), autres que ceux que nous venons d'indiquer; par exemple, dans le deuxième diagramme, celui des 11 septembre et 8 octobre.

Ces deux perturbations se rattachent en effet à une même région d'activité, très voisine de la région II citée plus haut. Celle-ci a disparu en septembre; mais, un peu avant sa disparition, elle s'est étendue dans sa partie antérieure où un second centre d'action, une seconde région d'activité, s'est formée; cette nouvelle région a persisté elle-même plusieurs mois (elle existait encore en janvier 1887) et a donné une série de perturbations périodiques commençant au 11 septembre, c'est-à-dire continuant à peu de chose près la série II. Nous avons observé plusieurs cas analogues.

Ainsi, en admettant un écart de 2 ou 3 jours sur la durée de la période, on pourrait trouver de très longues séries de perturbations périodiques; toutefois ce mode de groupement *à priori* des perturbations serait nécessairement soumis à d'assez grandes incertitudes et ne permettrait pas, à lui seul, de rattacher ces phénomènes à la rotation du soleil.

Mais, dans la marche que nous avons suivie, les perturbations étant d'abord reliées aux passages des régions d'activité du soleil, c'est-à-dire à des phénomènes *observables,* il n'y a plus de groupement arbitraire, et la périodicité des perturbations devient un corollaire nécessaire de la loi que nous avons énoncée, dont elle donne une intéressante vérification.

Valeur de la rotation apparente du soleil déduite des perturbations magnétiques. — Après avoir reconnu qu'il y a une périodicité dans le retour de certaines perturbations, et indiqué la cause de cette périodicité, on pourrait aller plus loin et essayer de déduire de ces retours périodiques la valeur moyenne de la rotation apparente du soleil. Le résultat serait d'autant plus exact que l'on emploierait des perturbations plus éloignées l'une de l'autre, et il faudrait d'ailleurs prendre la moyenne d'un grand nombre de résultats pour obtenir la rotation apparente *moyenne,* puisque les perturbations se rattachent à des régions du soleil de latitudes variables.

Nous nous contenterons d'effectuer le calcul au moyen des perturbations extrêmes des quatre séries citées plus haut. Nous aurons :

I.	9.6 Janvier	et 21.6 Mai	1886	5 Rotations	= 132.0
II.	18.1 Déc. 1885	et 13.8 Septembre	—	10 —	= 269.7
III.	12.0 Avril	et 24.1 Août	—	5 —	= 134.1
IV.	2.0 Janvier	et 10.9 Juillet	—	7 —	= 189.9
	Total..........................			27 —	= 725.7

Ce qui donne, pour la durée cherchée, 26^j,9, résultat un peu faible, mais qui paraîtra satisfaisant, si l'on considère qu'il résulte seulement de quatre séries de perturbations.

Cas particulier où deux régions d'activité ont des longitudes différentes de 180°. — En étudiant les régions d'activité du soleil, nous avons fait remarquer que souvent on les trouve par couples, de longitudes distantes *à peu près* de 180°. Comme deux régions ainsi placées déterminent chacune une série de perturbations, on voit immédiatement que les deux séries, rapprochées l'une de l'autre, en formeront une autre où les perturbations consécutives seront séparées par un intervalle de 13 à 14 jours.

Voici par exemple une série formée par le rapprochement d'une partie des séries II et IV données précédemment, et qui rentre dans le cas particulier que nous étudions :

18.1 Décembre 1885.	11.1 Février 1886.	5 5 Avril 1886.
2.0 Janvier 1886.	25.0 Février —	20.9 Avril —
15.8 Janvier —	10.2 Mars —	1.3 Mai —
29.4 Janvier —	23.4 Mars —	17.6 Mai —

Au-delà du 17 mai, les intervalles entre les dates consécutives de la série I, et entre celles de la série II, varient de un jour ou deux, en sens opposés dans les deux séries, et cela suffit pour détruire la régularité de l'alternance entre les deux séries.

En rapprochant de même la fin du tableau I et le commencement du tableau III, on aura la série suivante :

30.4 Mars.	9.0 Mai.
12.0 Avril.	21.6 Mai.
25.5 Avril.	4.1 Juin.

Ces séries de perturbations séparées par un intervalle de 13 à 14 jours, ne sont donc qu'un cas particulier de la loi que nous avons énoncée, combinée avec une position spéciale de deux régions d'activité du soleil; nous les signalons surtout parce qu'elles pourraient donner lieu à une interprétation inexacte, faire croire qu'il y a une action des régions d'activité du soleil au moment où elles passent à la position *apparente* opposée à celle que nous avons considérée jusqu'ici, c'est-à-dire au voisinage du centre de l'hémisphère invisible. *Cette action n'existe pas;* car : 1° il n'y a pas *toujours,* mais seulement *quelquefois,* une perturbation *intermédiaire, au milieu* de l'intervalle séparant deux perturbations rattachées à une même région d'activité; 2° il n'y a pas, dans toute notre série d'observations, d'exemple où une perturbation *intermédiaire* coïnciderait avec un passage au centre de l'hémisphère invisible, sans qu'il y ait en même temps un passage dans l'hémisphère visible.

Explication de quelques coïncidences relatives aux taches.— Il ne sera pas inutile d'appliquer la relation que nous venons de mettre en évidence à l'explication de quelques-unes des coïncidences, signalées depuis longtemps, entre des époques de grande agitation magnétique et des maxima du nombre ou de la grandeur des taches.

1° Lorsqu'il y a un grand nombre de taches à la surface du soleil, c'est que les régions d'activité sont nombreuses et étendues, et les *passages très rapprochés;* dans ces conditions, les perturbations magnétiques doivent être très prolongées.

On rencontre plusieurs de ces cas, au commencement de nos tableaux, de mai à septembre 1885; on en trouve d'ailleurs quelques-uns, comme nous l'avons déjà dit, sur nos diagrammes; nous avons même fait remarquer que la coïncidence des perturbations avec les passages est alors moins visible que lorsque ceux-ci sont bien séparés, et nous pouvons prévoir que cette coïncidence serait difficile à mettre en évidence à une époque de maximum de taches, tandis qu'au contraire, la concordance des maxima du nombre des taches avec des perturbations prolongées apparaîtrait facilement.

2° Quant aux coïncidences des perturbations avec les maxima de la surface *apparente totale* des taches, on peut vérifier, au moyen des surfaces indiquées dans nos tableaux (et dont les maxima sont en caractères spéciaux), qu'elles sont en effet assez fréquentes. Le plus souvent elles tiennent à ce qu'une ou plusieurs taches importantes, *prépondérantes,* passent alors près du centre du disque et acquièrent leur surface apparente maxima. Quelquefois aussi, le maximum de surface totale a lieu entre les passages très rapprochés de deux grandes taches et concorde ainsi, *à peu près,* avec deux perturbations.

Effets des changements intérieurs des régions d'activité. — Une perturbation magnétique se composant ordinairement d'une série d'oscillations plus ou moins rapides, on peut se demander comment un phénomène continu, tel que le déplacement d'une région du soleil sur le disque, peut se rattacher à ce phénomène oscillatoire. La réponse nous paraît être dans les changements incessants qui se produisent au sein des régions d'activité, changements que l'observation dénote, et qui modifient à chaque instant l'action qu'elles peuvent avoir sur le magnétisme terrestre. Lorsque la région considérée arrive au voisinage du point de passage, son action, qui donnerait une perturbation *progressive et continue* si son état intérieur était constant, donnera une perturbation *progressive, mais oscillatoire,* si cet état change. En d'autres termes, il y a ici deux effets : celui du déplacement de la région d'activité et celui des changements intérieurs de cette région ; ces effets se superposent, pour donner la perturbation telle qu'on l'observe à l'époque du passage de la région.

Les considérations précédentes tendent à faire voir aussi que ce qu'il y a d'essentiel dans une perturbation, au point de vue de l'effet produit par la rotation des régions d'activité, c'est la partie en quelque sorte continue qu'il est difficile d'ailleurs de dégager des oscillations ; et il semble que les écarts des valeurs extrêmes des éléments magnétiques se rattachent mieux que toute autre grandeur, à cette partie continue.

Mais, d'autre part, nous avons pris, pour intensité d'une perturbation, l'intensité de la force qui produirait une perturbation présentant les mêmes écarts que celle observée, en négligeant les oscillations. Les valeurs de l'intensité des perturbations, telles que nous les avons calculées, représentent, d'après cela, au moins approximativement, l'intensité de la force résultant de la rotation des régions d'activité du soleil. Celle-ci, en négligeant les oscillations, est donc maxima au moment du passage d'une région d'activité.

Conclusions. — Les conclusions de cette étude peuvent se résumer ainsi :

Les régions d'activité du soleil déterminent les pertubations du magnétisme terrestre au moment de leur passage à la plus courte distance du centre du disque apparent ; et, quelle que soit la cause physique qui produit l'activité magnétique de ces régions, les variations de leur action sur nos barreaux aimantés paraissent être dues à un changement dans leur *orientation* par rapport à nous.

Extrait des Mémoires de l'Académie des Sciences, Belles-Lettres et Arts de Lyon
(volume vingt-neuvième de la classe des Sciences).

AVRIL 1885

PERTURBATIONS		PASSAGES		SURFACES
24.2	1.5			
24.9	**2.5**	25.5	t	
25.9	1.5			
27.1	**5.5**	27.2	t	
28.4	**5.5**	27.8	t	178
29.3	1.5			
30				

MAI 1885

PERTURBATIONS		PASSAGES		SURFACES
1				**292**
2.6	**4.0**	3.1	t	267
3.4	1.0			
4.9	3.0			
6.1	3.8	6.1	t	292
6.8	**3.8**	7.1	t	**394**
7.9	2.5			
8.6	1.5			
9.3	1.0	9.2	t	365
10.4	**11.0**	10.5	t	
10.9	1.0			
11.8	**6.5**	11.9	t	165
13.0	3.8			101
13.8	**19.0**	13.7	f	
14.3	1.0			
15.9	2.5			38
17.0	**3.2**	17.0	f	82
18.0	2.8			152
19.0	2.0	19.5	t	206
20.7	**4.8**	20.8	t	248
21				
22				
23				331
24	?	24.2	t	
25	?	24.3	t	**378**

MAI 1885

PERTURBATIONS		PASSAGES		SURFACES
26.0	**28.0**	25.5	t	318
		26.0	t	
26.6	4.5			
27.1	**11.5**	27.0	f	219
27.5	3.5			
28.0	**14.3**	28.0	f	168
29.1	2.0			105
30.0	**7.5**	29.4	t	
30.9	3.5	30.0	f	79

JUIN 1885

PERTURBATIONS		PASSAGES		SURFACES
1.1	1.0	31.8	f	197
2.4	1.5	2.0	t	273
		2.8		
3				270
3.9	1.5	3.5	t	318
		4.0	t	
4.8	**5.0**	4.4	t	
		5.3	t	
5.4	1.0			**350**
7.2	1.0			337
8.4	**1.5**	8.0	t	**452**
9.3	1.0	9.4	t	407
10.3	1.0	10.2	p	
11.0	**4.5**			
11.9	2.0	12.4	t	321
13				295
14.1	**1.5**	14.5	p	
15.2	1.2			232
16.1	**3.0**	15.8	p	293
17 2	2.2	16 8	p	**449**
18.0	2.8	18.0	t	
19.2	3.5	19.0	t	432
20.3	**13 0**	20.0	t	

PERTURBATIONS		PASSAGES		SURFACES	PERTURBATIONS		PASSAGES		SURFACES
JUIN 1885					**JUILLET 1885**				
21.1	1.0	21 0	t		18.5	**9.2**	18.1	t	
22.2	2.0	21.8	t		19				
23.0	**5.0**			385	20.2	2.8	20.4	t	235
24				385	21.3	1.0			**302**
25.1	**20.0**	24.6	t	213	22.0	2.8			299
25.5	2.0				22.7	3.0			
26.0	**9.0**	26.6	t		23.2	**3.0**	23.6	t	248
27				216	24				**273**
28.2	1.0	27.5	t		25.5	**13.0**	25.5	p	
		28.6	t		26				
29					27.2	2.0			
30.0	1.0	29.4	t	318	27.4	**9.2**	27.8	p	
					28				184
JUILLET 1885					29				127
1.6	**11.5**	2.1	t	**321**	30.1	**6.0**	29.5	p	
2				305	31				127
3				279	**AOUT 1885**				
4.4	**7.2**	4.8	t						
5.5	1.5	5.3	t		1.9	**8.2**	2.0	t	121
6.2	**3 0**	5.9	t		3.2	7.5	2.7	t	
7.1	0.8			**375**	4.3	4.0			
8.4	**1.5**	7.5	f	273	4.6	**8.2**	5.0	t	
9				219	5.2	5.2			130
10.3	1.0	10.1	t	207	6				124
11.6	**3.2**			191	7.6	**12.5**	7.9	t	
12.2	1.8	12.0	f		8.9	9.5			162
13.2	1.5			83	10.2	9.5	10.4	t	
14.0	1.0				10.5	0.7			**235**
14					12.1	**1.7**	12.1	t	
15.6	**3.3**	14.8	t				12.6	t	
		15.0	p	181	13.1	1.5			
16					13.6	1.0			
17.1	3.0	17.4	t	**347**	14.1	1.0	14.0	t	159

PERTURBATIONS		PASSAGES		SURFACES

AOUT 1885

PERTURBATIONS		PASSAGES		SURFACES
15.3	1.0			
16.4	1.0	16.0	p	
17.0	**2.0**	16.1	t	89
18				
19				**111**
20.2	5.7	20.1	t	
21.1	**9.0**	20.5	p	60
21.9	1.0	21.7	f	
23.0	2.5	22.6	f	
24				105
25.5	1.2	24.6	p	
26.1	**3.5**			86
26.9	1.5			
27.7	1.5	28.7	t	143
29.2	**14.0**	29.1	t	
30.6	2.0			
31.1	**3.2**	31.2	t	
31.3	0.7			277

SEPTEMBRE 1885

PERTURBATIONS		PASSAGES		SURFACES
1.0	2.2	1.2	t	333
2.1	2.5			**333**
3.5	2.8	3.5	t	
4.3	1.0	4.2	t	165
4.9	**14.0**	5.0	f	**219**
5.5	4.0			
6.8	3.5	7.0	t	
8.2	1.7			159
9.0	**9.5**	9.6	f	
10.1	1.0	9 8	f	146
11.6	**4.2**			
12.1	1.5	12.1	f	**178**
12.8	**5.0**			

SEPTEMBRE 1885

PERTURBATIONS		PASSAGES		SURFACES
13.7	2.5	14.0	t	
14				172
15.2	3.0			156
15.9	**14.0**	15.3	f	
16.6	2.3			**162**
16.9	**10.3**			
17.7	2.5			114
18.4	**3.3**			111
19.0	1.5			
20.3	1.2			
21.1	**2.7**	20.6	p	32
22.2	0.7			54
22.7	**11.0**	22.5	p	
23.2	4.5			70
23.4	1.0			
23.8	**10.0**	23.6	fp	
24.4	1.5			105
25.1	**7.0**			
25.6	2 5	25.9	f	
26.4	**3.5**			
27.3	3.2	27.2	t	
27.9	**9.2**	27.7	t	**137**
28.3	3.5			
29	**5.0**	29.0	p	
30 1	4.0	30.5	t	

OCTOBRE 1885

PERTURBATIONS		PASSAGES		SURFACES
1.5	3.2			124
2.5	2.0	1.8	f	153
3.1	**3.7**			
3.8	2 0			
5				223
6				213

PERTURBATIONS		PASSAGES		SURFACES

OCTOBRE 1885

PERTURBATIONS		PASSAGES		SURFACES
7.1	2.5	6.5	t	
8.3	2.0			258
9.2	4.2			
10.1	4.5			
11.2	1.5			
12.1	5.2	11.5	t?	
12.9	7.7	12.2	p?	
13.7	7.0			
14.5	3.0			
15.3	3.2			

Interruption des observations du soleil du 9 octobre au 16 novembre.

NOVEMBRE 1885

PERTURBATIONS		PASSAGES		SURFACES
6.2	2.5			
7.9	7.5	7.7	t	
8.6	1.2			
9.1	2.0			
10.1	6.5			
10.7	13.0	11.2	f	
11.1	1.0			
11.6	10.5	12.2		127
12.4	3.0			89
13.0	1.0	13.4	f	
14				
15				
16.0	0.5	16.1	t	229
17.0	1.7	17.1	t	
18				
19.0	12.0	18.9	t	194
20.1	8.0			
20 9	2.0			
21				

NOVEMBRE 1885

PERTURBATIONS		PASSAGES		SURFACES
22.7	2.0	22.7	t	102
		22.9	f	
23				
24				25
25.1	3.0	24 9	f	0
		25.9	f	
26.2	1.5			0
27.5	1.0			0
28				32
29				
30	?	29.5	f	00
		29.7		

DÉCEMBRE 1885

PERTURBATIONS		PASSAGES		SURFACES
1	?			
2	?			25
3	?	3.3	f	25
4	?			25
5	?	5.7	f	
6	?			
7.8	13.0			0
8.4	1.5	8.5	f	
8.9	12.0			
9.3	1.5			19
10.0	3.5			
10.7	1.0			
12	?	12.7	p	44
14.1	1.2			
14.9	5.0	14.2	f	60
		15.3		
15			p	
16.1	1.2	16.2	t	70
17				64

PERTURBATIONS		PASSAGES		SURFACES	PERTURBATIONS		PASSAGES		SURFACES
DÉCEMBRE 1885					**JANVIER 1886**				
18.1	2.0	18.5	t		10.6	2.7			
18.9	**2.0**				11.7	**3.5**	11.5	f	216
19.6	1.7	19.1	p	**124**	12.4	1.0			
20.1	**3.0**				13.2	1.5			
20.8	3.0				14.6	2.2	14.3	t	181
21.2	2.2			114	15.8	**3.5**			
22.0	**4.0**			95	16.6	1.0			
22.7	1.0			105	17				162
24				172	18				
25					19.0	1.2	18.5	t	
26.5	1.0	25.9	t	**184**	19.7	**6.2**			
		26.0	f		20.4	3.0			95
27.1	1.0				21.0	4.5			
28.6	**3.5**	28.7	t	124	21.4	1.5			15
		28.9	t		22.9	**7.2**	22.9	p	9
30.0	1.0			127	23				9
30.8	1.5				24.8	**4.0**	25.0	f	
					25				
JANVIER 1886					26				
1.1	3.2			73	27.7	1.7			
2.0	**6.5**	1.7	f		29.4	8.0	29.0	f	6
2.7	5.7				30.6	**16.0**			25
3.2	1.7								
4.0	**4.7**				**FÉVRIER 1886**				
4.6	1.2			153	1.1	1.8			
5.0	**3.0**				2.2	1.8			79
5.4	1.0				2.9	2.0			
5.9	**3.7**	5.6	t		3.2	2.0			
6.3	1.0			204	3.7	2.5			121
7					5.1	**4.5**	4.6	f	
8					5.8	**8 5**	5.1	t	124
9.1	2.8	8.8	t		6.9	1.5			184
9.6	**36.0**	9.6	f	**264**	7				

FÉVRIER 1886

PERTURBATIONS		PASSAGES		SURFACES
8.0	2.5	8.5	t	213
9				194
10.6	4.5	10.3	t	181
11.1	10.0	11.4	f	
12				127
13				95
14				
15.4	1.5	15.0	f	60
16.8	8.5	16 3	p	28
17.8	3.0			35
18.9	6.5	18.4	f	25
20.0	5.0			41
21.4	6.5	20.8	p	
22.9	10.5	23.1	t	19
24				2
25.1	1.8	25.2	p	38
26		26.0	p	48
27.6	1.0			32
28				

MARS 1886

PERTURBATIONS		PASSAGES		SURFACES
1.1	1.5			
1.9	1.7	1.7	t	143
3.4	7.0	2.9	t	268
4.5	1.5			293
5				350
5.8	2.0	5.5	t	
7.0	9.0	6.4	t	480
8				
9.4	1.5	9.2	t	410
10.2	3.2	9.6	t	356
11.5	1.0	10.5	t	391
11.9	2.7			289

MARS 1886

PERTURBATIONS		PASSAGES		SURFACES
13.1	1.7			254
14.6	0.5	14.6	t	
15.9	2.5			111
16.9?	7.5	16.5	p	73
17	?			41
18.4?	3.0			67
18 9	8.5			
19.4	3.0			83
20.2	16.5	20.5	f	114
21.3	1.0	20.7	t	
22.2	7.0			108
23.4	9.5	23.3	p	137
24.6	3.2	24.4	t	184
25.6	3.5			207
26.2	1.5			
27.4	6.0			181
28.8	8.0	29.1	t	
29.7	1.0			302
30.4	41.0	29.6 / 30.6	t	321
30.9	25.5			
31.4	2.0	31.3	t	283
31.8	28.0			

AVRIL 1886

PERTURBATIONS		PASSAGES		SURFACES
1.7	6.0	1.7	p	280
3.4	1.5			308
4.6	2.0			226
5.5	2.5	4.3	t	124
6.9	2.0	6.4	t	
7.9	1.7			114
8.5	1.0	9.5	f	92
9				

PERTURBATIONS		PASSAGES		SURFACES	PERTURBATIONS		PASSAGES		SURFACES
AVRIL 1886					**MAI 1886**				
10				57	9.8	9.0			
11.1	1.0	10.4	f		10.4	2.7			95
12.0	**8.3**	11.4	f	38	10.9	**5.5**			
		12.3	p		11.3	2.5			
12.5	0.5				11.8	**6.5**	12.2	t	44
13.0	**10.5**	13.4	p	.	13.1	5.2			
13.6	4.5				14.2	4.0			
14.7	**18.2**	15.7	f	6	15.2	**4.5**	15.8	f	0
16.2	5.5			9	16.8	3.0			
17				25	17.6	**8.5**	17.8	p	0
18.9	**7.5**			.	18.6	7.5	19.2	p	3
20.2	1.8				19.6	1.5			0
20.9	**6.5**	20.6	t	83	20.1	1.7			0
21.9	1.7				20.8	3.0			
22.6	1.5			191	21.6	**6.0**	22.1	f	19
23.4	1.0	23.6	p	**219**	22.7	2.5	22.6	f	38
24.1	1.0	24.5	t	210	23.1	2.0			
25.5	**6.0**	25 4	t		23 8	**3.5**	24.1	f	
26					24.6	3.2			76
28.4	1.5	27.0	t	169	25				89
28.9	4.5				26.8	5.5			108
29.8	**7.0**	30.3	t	156	27.7	**9.5**	27.5	t	**118**
30					28.2?	1.0?			111
MAI 1886					29	?			105
					30.0	1.0?	30.2	t	
1.3	**5.5**	30.9	t	223	31				86
3.1	5.0	3.3	t	**356**	**JUIN 1886**				
4.3	0.5			333					
6.0	3.2	5 5	f	283	1.6	1.0?	1.5	p	44
6.7	**5.2**			239	2				32
7				191	3.8	1.5?	3.4	p	
8.6	1.5	8.1	t		4.1	**1.5?**			105
9.0	**18.0**	9.5	f		4.8	1.0?			

PERTURBATIONS		PASSAGES		SURFACES
JUIN 1886				
5.2	2.5	4.9	f	121
5.9	**5.0**	6.3	t	
6.6	3.5?	7.1	t	
7.4	2.5			**134**
8.9	**8.0**?			111
10.8	2.2			105
11.7	2.0			
12.2	2.0			38
13.0	**10.0**	12.9	f	9
14	?			
14.7	1.5	14.5	f	
15.7	1.2			0
16.7	2.0			9
17.4	**4.5**	17.1	f	19
18.7	**4.7**	17.7	f	51
19.6	2.0	19.6	f	73
20				
22.0	8.0?	21.9	t	
22.7	**18.0**			**111**
24.0	4.5	23.7	t	76
				57
25.1	7.0			48
26.1	**8.0**	26.0	f	
27.2	1.5			32
28.0	3.5			73
29				105
30.1	**23.0**	29.9	f	140
JUILLET 1886				
1.0	**14.5**	30.6	p	**178**
		1.2	f	
2.1	7.5?			
3.4	3 0			146

PERTURBATIONS		PASSAGES		SURFACES
JUILLET 1886				
4.2	0.7	3.7	t	140
4.7	**4.5**	3.9	t	
		4.6	t	
5.8	2.5			124
6				**172**
7				86
8.4	2.0	8.4	f	38
9.7	**6.2**			9
10.9	3.7	10.4	f	0
11.8	3.5			
12.8	1.5	12.3	f	0
13				6
14.7	6.7	14.5	f	
15.9	**10.2**	15.9	f	6
16.4	3.0	16.6	f	38
18.8	2.0			
19.2	5.7			83
19.8	**11.0**			
20.4	3.2	20.7	t	121
21.4	**7.0**	21.6	t	**137**
22.5	2.0			137
23.2	2.5			134
24.0	2.7			99
24.7	2.5			
25				
26				143
27.7	1.5	26.7	t	140
28.2	**21.8**	28.2	t	**175**
28.4	5.5			
29.1	1.7			130
30.1	2.2			124
31.2	**3.0**	31.0	t	
		31.0	t	

PERTURBATIONS		PASSAGES		SURFACES	PERTURBATIONS		PASSAGES		SURFACES
AOUT 1886					AOUT 1886				
1.0	2.5				30.7	1.5			28
1.8	**3.2**	2.0	f		31.7	1.5			**54**
2				102	SEPTEMBRE 1886				
3.1	1.5								
3.7	**2.0**	3.8?	f?	70	1				41
4.9	2.0				1.9	2.5			
5				51	2.8	**3.0**	2.7	f	60
6.7	2.5	6.6	t	35	3				
7.9	**8.0**	7.4	t	**48**	3.9	3.0			70
8.9	2.5			.	4.8	0.8	4.8	t	**73**
9	.			38	5		5.9?	p	
10				12	6				54
11.1	2.0	10.4	f		7.7	**5.5**	8.0	t	**70**
12.4	**12.5**	11.8	f	15	9.2	3.5	8.3	f	
14.2	8.0	14.2	f	**19**	9.9	**12.0**			38
15.6	7.5		.	15	10.4	5.5	10.4	f	51
16.3	8.0			**28**	10.9	**14.7**			
17.0	**8.5**	16.8	t		11.4	4.5			76
17.6	2.7				12.0	**11.5**	11.9	f	
18.0	**8.5**			12	12.9	7.5	13.4	t	99
18.5	2.0				13.8	**10.0**	13.6	f	
19.4	**5.2**	19.3	f		14.8	5.0	15.5	t	**114**
20.9	4.8			3					99
21.5	1.5			0	16.8	1.5	16.4	t	73
22.2	1.0				17.5	**2.7**			67
23.1	0.7			3	18.1	1.5			
24.1	**9.2**	23.9	p	3	19.2	2.0	19.1	f	.
24.9	3.5				20				
25.9	2.7			0	21.2	7.7			19
26.8	2.5			22	21.9	**9.7**	21.9	f	9
28.1	1.0	28.0	f	25 / 22	22.8	2.5	23.0	p	**35**
29.0	**1.5**	28 6	t		24.2	2.5			0
					24.7	1.0			

PERTURBATIONS		PASSAGES		SURFACES	PERTURBATIONS		PASSAGES		SURFACES
SEPTEMBRE 1886					**OCTOBRE 1886**				
26.0	**1.7**	26.2	f	6	23.5	1.2	23.5	f	?
26.9	1.0			0	24.6	1.0	24.2	p?	?
28				0	25				?
29				0	26.8	4.2			9
30.8	**8.5**	1.5	f	**15**	28.0	**8.5**	28.5	f	
OCTOBRE 1886					29.2	5.7	29.3	t	15
					31.0	2.2	31.4	f	
1.6	1.7	1.5	f	12	**NOVEMBRE 1886**				
2.1	3.0			22					
2.9	**4.0**	2.9	f		1				
3.8	3.5	4.1	f	28	2.5	1.0	1.6	f	
4						3.0?	**14.2**			0
5				28	4.4?	14.0?	4.8	f	
6.2	2.5	5.3	t	**35**	6.1?	**14.0**			0
6.9	**20.7**				7.5	7.0			
7.4	4.2				8.6	6.5	8.6	f	
7.9	**18.2**				9.8	2.5			0
8.4	6.5			32	10.7	2.2			
8.6	**22.7**	8.7	f		11.7	**5.2**	11.4	f	
9.2	5.5			12	12.3	1.5			9
9.8	**8.5**	9.7	p		13.3	**3.7**	13.2	f	12
10.3	3.0				14.9	2.7	14.8	p	
10.9	**12.5**				15.8	**3.8**			6
11.3	2.2	11.9	p	12	16				
12.0	3.0			0	17.8	**3.7**	17.0	f	6
12.8	4.5			0	18.9	2.5			0
14.0	**8.7**	13.5	f	0	19.8	1.3			0
15.7	1.8			35	20.6	**8.0**	19.9	f	0
16.4	2.0			44	21				
17.6	2.5	17.7	f	?	22.2	2.8	22.2	f	
19.2	**16.2**	17.8	t	?	24.1	**11.0**	24.1	f	0
20.7	1.0			?	25.9	4.5			0
22.2	**3.7**			?	26				

PERTURBATIONS		PASSAGES		SURFACES
NOVEMBRE 1886				
27.9	2.5			
28				
29.9	8.5	29.4	f	0
30.7	**16.5**	30.8	f	
DÉCEMBRE 1886				
2.2	**12.5**	1.9	f	0
3.9	6.5			
4.8	**8.0**	4.3	p	9
5.3	0.7	5.1	f	
6.0	**9.5**	6.1	f	
6.9	2.5	6		0

PERTURBATIONS		PASSAGES		SURFACES
DÉCEMBRE 1886				
8.1	**10.2**	7.6	f	
9.8	1.2			
10				12
11.2	1.5	10.5	f	25
11.8	5.5			
12.9	2.5			32
14.1	6.2	14.6	t	48
15.4	**6.8**	15.4	t	
16.4	0.7			
16.9	5.0	17.0	f	
17.7	**9.5**			**102**
18.4	1.0			

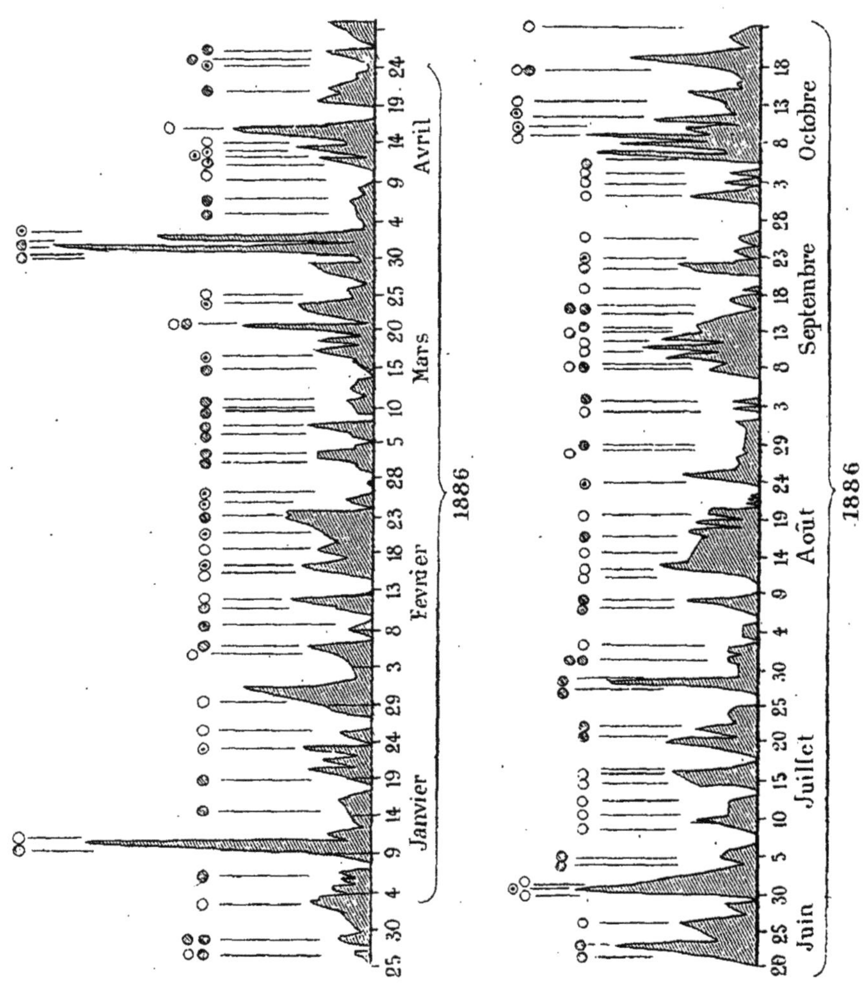

Janvier
Février
Mars
Avril
1886
Juin
Juillet
Août
Septembre
Octobre
1886